POCKET
ECOLOGIE

THINGS YOU SHOULD KNOW
(QUESTIONS ET REPONSES)

Rumi Michael Leigh

Introduction

Je tiens à vous remercier et à vous féliciter pour avoir téléchargé ce livre, "Pocket Ecologie, things you should know (questions et réponses)" série.

Ce livre vous donnera une bonne connaissance générale de l'essentiel de l'écologie.

Merci encore d'avoir téléchargé ce livre, j'espère que vous l'apprécierez !

Chapitre 1 : Questions

1. Qu'est-ce que l'écologie ?
2. Quels sont les facteurs abiotiques ?
3. Donnez des exemples de facteurs abiotiques.
4. Quels sont les facteurs biotiques ?
5. Donnez des exemples de facteurs biotiques.
6. Quelles sont les espèces ?
7. Qu'est-ce qu'un biome ?
8. Qu'est-ce qu'un habitat ?
9. Qu'est-ce que la biodiversité ?
10. Qu'est-ce qu'une communauté ?

Chapitre 1 : Réponses

1. C'est l'étude des interactions entre les organismes et leur environnement.
2. Ce sont des facteurs non vivants.
3. L'eau, la lumière, etc.
4. Ce sont des facteurs vivants.
5. Les plantes et les animaux
6. Ce sont des organismes similaires qui peuvent se reproduire ensemble.
7. C'est une grande communauté de plantes et d'animaux qui s'adaptent à leur environnement.
8. C'est le lieu de vie d'un organisme.
9. C'est la variété des organismes vivants dans leur habitat.
10. C'est un groupe d'espèces différentes qui vivent ensemble dans une zone donnée.

Chapitre 2 : Questions

1. Qu'est-ce qu'une population ?
2. Qu'est-ce que la densité d'une population ?
3. Qu'est-ce que l'immigration ?
4. Qu'est-ce que l'émigration ?
5. Qu'est-ce que la démographie ?
6. Qu'est-ce que la croissance exponentielle ?
7. Comment est la courbe graphique dans la croissance exponentielle ?
8. Qu'est-ce que la croissance logistique ?
9. Comment est la courbe graphique dans la croissance logistique ?
10. Quelle est la capacité de charge ?

Chapitre 2 : Réponses

1. C'est un groupe d'individus de la même espèce qui vit ensemble dans une région donnée.
2. C'est le nombre d'individus par unité de surface.
3. C'est l'organisme qui entre dans une population.
4. C'est l'organisme qui sort d'une population.
5. C'est l'étude de la population.
6. C'est quand le taux de croissance d'une population par individu reste le même quelle que soit la taille de sa population.
7. Elle a une courbe en forme de J.
8. C'est quand la population par croissance individuelle diminue lorsque la taille de la population atteint sa capacité de charge.
9. Elle a une courbe en forme de S.
10. C'est le nombre maximum d'organismes qu'un écosystème peut supporter.

Chapitre 3 : Questions

1. Qu'est-ce qu'un écosystème ?
2. Qu'est-ce que la biosphère ?
3. Qu'est-ce que l'éthologie ?
4. Qu'est-ce que l'évaporation ?
5. Qu'est-ce que la condensation ?
6. Qu'est-ce que les précipitations ?
7. Donnez des exemples de précipitations.
8. Qu'est-ce qu'un climat ?
9. Qu'est-ce que la météo ?
10. Qu'est-ce qu'un estuaire ?

Chapitre 3 : Réponses

1. C'est l'interaction entre les facteurs biotiques et abiotiques dans une zone particulière.
2. C'est la partie de la terre qui consiste en des êtres vivants.
3. C'est l'étude scientifique du caractère animal dans son environnement naturel.
4. C'est la transformation du liquide (eau) en gaz (vapeur).
5. C'est la transformation du gaz en liquide.
6. C'est n'importe quel type d'eau qui tombe du ciel.
7. La pluie, la neige, etc.
8. C'est le temps général d'une région sur une longue période de temps.
9. C'est l'état de l'atmosphère à une période donnée.
10. C'est une zone d'eau qui rejoint la mer.

Chapitre 4 : Questions

1. Qu'est-ce que la photosynthèse ?
2. Qu'est-ce qu'un producteur ?
3. Donnez un exemple d'un producteur.
4. Qu'est-ce qu'un consommateur ?
5. Donnez un exemple d'un consommateur.
6. Quels sont les principaux consommateurs ?
7. Quels sont les consommateurs secondaires ?
8. Quels sont les consommateurs tertiaires ?
9. Qu'est-ce qu'un herbivore ?
10. Donnez un exemple d'un herbivore.

Chapitre 4 : Réponses

1. C'est quand les plantes fabriquent de la nourriture en utilisant la lumière du soleil, le dioxyde de carbone et l'eau.
2. C'est un organisme qui fait sa propre nourriture.
3. Les plantes.
4. C'est un organisme qui obtient sa nourriture d'un autre organisme.
5. Les humains.
6. Les herbivores.
7. Les carnivores.
8. Les carnivores qui mangent d'autres carnivores.
9. C'est un organisme qui obtient sa source d'énergie en mangeant des plantes.
10. Une vache.

Chapitre 5 : Questions

1. Qu'est-ce qu'un carnivore ?
2. Donnez un exemple d'un carnivore.
3. Qu'est-ce qu'un omnivore ?
4. Donnez un exemple d'un omnivore.
5. Qu'est-ce qu'un charognard ?
6. Donnez un exemple d'un charognard.
7. Quels sont les décomposeurs ?
8. Donnez un exemple d'un décomposeur.
9. Qu'est-ce qu'un détritivore ?
10. Quelle est la principale source d'énergie ?

Chapitre 5 : Réponses

1. C'est un organisme qui obtient sa source d'énergie en mangeant des animaux.
2. Un lion.
3. C'est un organisme qui obtient sa source d'énergie en mangeant des plantes et des animaux.
4. Les humains.
5. C'est un organisme qui obtient sa source d'énergie en mangeant des organismes morts.
6. Un vautour.
7. Ce sont des organismes qui décomposent les déchets qui sont ensuite retournés à la terre.
8. Les bactéries.
9. C'est un organisme qui mange des organismes morts.
10. Le soleil.

Chapitre 6 : Questions

1. Qu'est-ce qu'une chaîne alimentaire ?
2. Quel est un autre nom pour les consommateurs ?
3. Qu'est-ce qu'un euryphage ?
4. Donnez un exemple d'un euryphage.
5. Quel est un autre nom pour les producteurs ?
6. Qu'est-ce que la chimiosynthèse ?
7. Qu'est-ce qu'une niche ?
8. Qu'est-ce qu'une zone photique ?
9. Qu'est-ce qu'une zone aphotique ?

Chapitre 6 : Réponses

1. C'est un diagramme d'une série d'organismes disposés selon leurs habitudes alimentaires.
2. Les hétérotrophes.
3. C'est un organisme qui mange plusieurs sources de nourriture.
4. Les mammifères.
5. Les autotrophes.
6. C'est la conversion d'un composé de carbone en un composé organique.
7. C'est le rôle d'un organisme dans une communauté.
8. C'est une zone avec assez de lumière pour la photosynthèse.
9. C'est une zone sans assez de lumière pour la photosynthèse.

Chapitre 7 : Questions

1. Qu'est-ce que le facteur limitant ?
2. Donnez des exemples de facteurs limitants.
3. Qu'est-ce que la succession ?
4. Combien de types de successions écologiques y a-t-il ?
5. Nommez les 2 types de successions écologiques.
6. Qu'est-ce qu'une succession primaire ?
7. Donnez des exemples d'une succession primaire.
8. Qu'est-ce qu'une succession secondaire ?
9. Donnez des exemples d'une succession secondaire.

Chapitre 7 : Réponses

1. C'est le facteur qui provoque une diminution de la population.
2. L'eau, la nourriture, la météo, etc.
3. C'est le changement qui se produit au fil du temps dans une communauté.
4. Deux.
5. Les successions primaires et secondaires.
6. C'est lorsque les organismes peuplent une zone pour la première fois.
7. Les glissements de terrain, les éruptions volcaniques, etc.
8. C'est la succession après la succession primaire. C'est la succession sur une terre déjà existante.
9. Le renouvellement d'une population végétale après une maladie. Le renouvellement d'une forêt après avoir été ravagé par le feu.

Chapitre 8 : Questions

1. Qu'est-ce que la symbiose ?
2. Qu'est-ce que le mutualisme ?
3. Qu'est-ce que le commensalisme ?
4. Qu'est-ce que le parasitisme ?
5. Qu'est-ce que l'aposematisme ?
6. Qu'est-ce que le mimétisme batésien ?
7. Qu'est-ce que le mimétisme müllérien ?
8. Quelles sont les espèces pionnières ?
9. Quelles sont les espèces introduites ?
10. Quelles sont les espèces endémiques ?

Chapitre 8 : Réponses

1. Il s'agit d'une relation entre deux espèces qui profite à au moins une des espèces.

2. C'est une relation également bénéfique entre deux espèces.

3. Il s'agit d'une relation entre deux espèces dont une seule bénéficie mais l'autre n'est pas lésée.

4. Il s'agit d'une relation entre deux espèces dont l'une profite et l'autre est lésée.

5. C'est un mécanisme de défense par lequel une espèce utilise des couleurs vives pour décourager les prédateurs ou pour montrer qu'elle est toxique.

6. C'est un mécanisme de défense par lequel une espèce imite la structure et la coloration d'une espèce plus menaçante.

7. C'est un mécanisme de défense où deux ou plusieurs espèces nuisibles ont une ressemblance très similaire.

8. Ce sont les premières espèces à démarrer un nouvel écosystème.

9. Ce sont des organismes déplacés intentionnellement ou involontairement par des humains d'une région géographique à une autre.

10. Ce sont des organismes vivants qui n'existent que dans une zone géographique.

Chapitre 9 : Questions

1. Qu'est-ce que la sélection naturelle ?
2. Qu'est-ce que l'adaptation ?
3. Qu'est-ce que la biogéographie ?
4. Définissez l'hibernation.
5. Qu'est-ce que la prédation ?
6. Quelle est la stratégie k ?
7. Quelle est la stratégie r ?
8. Qu'est-ce que la résistance dans un écosystème?
9. Qu'est-ce que les perturbations ?
10. Donnez des exemples de perturbations.
11. Qu'est-ce que la résilience dans un écosystème ?

Chapitre 9 : Réponses

1. Elle comprend les caractères naturels qui permettent à un organisme d'être mieux adapté à son environnement.
2. Elle comprend les traits physiques, les compétences, et les comportements qui permettent à un organisme de vivre dans son environnement.
3. C'est la répartition géographique des plantes et des animaux.
4. C'est la diminution des activités métaboliques du corps.
5. C'est quand un organisme proie et se nourrit d'un autre organisme.
6. C'est quand une population est à sa capacité de charge ou proche de sa capacité de charge.
7. C'est quand une population est inférieure à sa capacité de charge.
8. C'est quand un écosystème reste stable et en équilibre malgré les perturbations.
9. Ce sont des forces ou des événements qui ont un impact sur l'écosystème.
10. Les activités humaines, le feu, etc.

11. C'est la capacité d'un écosystème à maintenir sa fonction et à résister aux perturbations ou aux changements dans son environnement.

Chapitre 10 : Questions

1. Qu'est-ce que la transpiration chez les plantes ?
2. Qu'est-ce que la déforestation ?
3. Qu'est-ce que l'humus ?
4. Quelles sont les compositions de base de la terre?
5. Quel est l'effet de serre ?
6. Dans l'effet de serre, qu'est-ce qui retient la chaleur dans l'atmosphère terrestre ?
7. Quelles sont les ressources renouvelables ?
8. Donnez des exemples de ressources renouvelables.
9. Quelles sont les ressources non renouvelables ?
10. Donnez des exemples de ressources non renouvelables.

Chapitre 10 : Réponses

1. C'est le mouvement de l'eau dans une plante et son évaporation.
2. C'est la destruction des forêts.
3. L'humus se compose des matières décomposées dans le sol.
4. La matière organique, l'eau, l'air et les minéraux.
5. C'est quand la chaleur est retenue dans l'atmosphère terrestre.
6. L'eau, le dioxyde de carbone, le méthane, etc.
7. Ce sont des ressources naturelles qui peuvent être reconstituées au fil du temps en utilisant des processus naturels.
8. Le soleil, le vent, etc.
9. Ce sont des ressources qui ne peuvent pas être reconstituées au fil du temps en utilisant des processus naturels et elles sont en quantité limitée.
10. Le pétrol, le charbon, l'aluminium, etc.

Chapitre 11 : Questions

1. Qu'est-ce que la pollution ?
2. Donnez des exemples de polluants dans l'environnement.
3. Qu'est-ce que les pluies acides ?
4. Qu'est-ce que le smog ?
5. Nommez une façon dont les humains augmentent le carbone dans l'atmosphère.
6. Qu'est-ce que le cycle hydrologique.
7. Donnez un autre nom au cycle de l'eau.
8. Qu'est-ce que la fixation de l'azote ?
9. Quel est le pourcentage d'azote dans l'air ?
10. Quel est le pourcentage d'oxygène dans l'air ?

Chapitre 11 : Réponses

1. C'est la contamination de l'environnement avec des substances indésirables.
2. L'utilisation de pesticides, les déversements d'hydrocarbures et la combustion de combustibles fossiles.
3. C'est une pluie qui a un niveau élevé d'ions hydrogène causés par des facteurs environnementaux.
4. C'est le mélange de fumée, de brouillard et d'autres polluants dans l'atmosphère.
5. La combustion des combustibles fossiles.
6. C'est le processus du mouvement de l'eau à la surface de la Terre.
7. Le cycle hydrologique.
8. C'est la conversion de l'azote en ammoniac par certaines bactéries.
9. Environ 79%.
10. Environ 21%.

Chapitre 12 : Questions

1. Qu'est-ce que le cycle de l'eau ?
2. Qu'est-ce que le cycle du carbone ?
3. Qu'est-ce que le cycle de l'azote ?
4. Quelle est la zone tempérée ?
5. Qu'est-ce que la zone tropicale ?
6. Qu'est-ce que le pergélisol ?
7. Quelle est la zone polaire ?
8. Qu'est-ce que les nuages ?
9. Qu'est-ce que le réchauffement climatique ?
10. Quelle est la principale cause du réchauffement climatique ?

Chapitre 12 : Réponses

1. C'est le mouvement naturel continu de l'eau qui comprend l'évaporation, la condensation et les précipitations.
2. C'est le mouvement continu du carbone entre les organismes vivants et leur environnement.
3. C'est le mouvement continu de l'azote par les organismes vivants par plusieurs processus tels que la fixation de l'azote, la nitrification, etc.
4. C'est une zone climatique modérée.
5. C'est une zone climatique chaude.
6. C'est une zone, une terre qui est gelée en permanence.
7. C'est une zone climatique froide.
8. Les nuages sont des gouttelettes d'eau condensées.
9. C'est une augmentation de la température atmosphérique moyenne de la Terre.
10. L'augmentation des niveaux élevés de dioxyde de carbone dans l'atmosphère.

Chapitre 13 : Questions

1. Qu'est-ce que le pH ?
2. Qu'est-ce que la salinité ?
3. Quels sont les effets des pluies acides ?
4. Qu'est-ce que la sublimation ?
5. Qu'est-ce que le dépôt (changement d'état) ?
6. Qu'est-ce que l'atmosphère ?
7. Qu'est-ce que la territorialité ?
8. Définissez l'empreinte écologique.
9. Qu'est-ce que la dispersion ?
10. Qu'est-ce que la cohorte ?

Chapitre 13 : Réponses

1. C'est la mesure de l'acidité.
2. C'est la quantité de sel dans une solution.
3. La toxicité pour les animaux aquatiques et la destruction des plantes.
4. C'est la transformation d'une substance de solide en gaz sans passer par l'état liquide.
5. C'est la transformation d'une substance d'un état gazeux à un état solide.
6. C'est l'air autour de la Terre.
7. C'est quand les organismes défendent leur territoire.
8. C'est l'impact d'un organisme sur son environnement.
9. C'est ainsi que les organismes vivants sont dispersés dans une zone donnée.
10. C'est l'étude d'un groupe d'organismes de la même espèce qui partagent une caractéristique commune, par exemple : les espèces qui naissent la même année.

Chapitre 14 : Questions

1. Définissez la phylogénie.
2. Définissez la taxonomie.
3. Qu'est-ce qu'un binôme ?
4. Définissez l'homologie.
5. Qu'est-ce qu'un écotone ?
6. Qu'est-ce que la biologie de la conservation ?
7. Qu'est-ce que l'écologie de la restauration ?
8. Qu'est-ce que les endoparasites ?
9. Donnez un exemple d'un endoparasite.
10. Qu'est-ce que les ectoparasites ?
11. Donnez un exemple d'un ectoparasite.

Chapitre 14 : Réponses

1. C'est l'étude de l'histoire et du développement de l'évolution.
2. C'est la dénomination et / ou la classification des organismes.
3. C'est ce qui a deux noms.
4. C'est la similitude entre les structures des organismes.
5. C'est une zone de transition écologique entre deux écosystèmes.
6. C'est la biologie qui vise à préserver la biodiversité.
7. C'est une étude qui vise à réparer les dommages causés à l'écosystème ou à créer un nouvel écosystème dans une région.
8. Ce sont des parasites qui vivent à l'intérieur de son corps hôte.
9. Plasmodium falciparum.
10. Ce sont des parasites qui vivent en dehors de son corps hôte.
11. Irritants de Pulex.

Conclusion

Merci encore une fois pour avoir téléchargé ce livre. J'espère qu'il vous a aidé à acquérir plus de connaissances en écologie.

S'il vous plaît, si vous avez aimé ce livre, je voudrais que vous laissiez un commentaire. Ce serait apprécié.

Je vous remercie.